NOUVELLE ORGANOGRAPHIE DU CRANE HUMAIN,

ou

LA PHRÉNOLOGIE

(CONNAISSANCE DE L'ESPRIT ET DU CŒUR D'APRÈS LA CONFORMATION DE LA TÊTE.)

RECTIFIÉE, SIMPLIFIÉE,

ET

MISE A LA PORTÉE DE TOUT LE MONDE.

PAR ARMAND HAREMBERT.

Cela est simple comme toute vérité, car Dieu a donné la clarté pour signe à tout ce qui est vrai.

A. DE LAMARTINE.

L'ère glorieuse approche où la philosophie et la morale seront fondées sur la phrénologie.

BROUSSAIS.

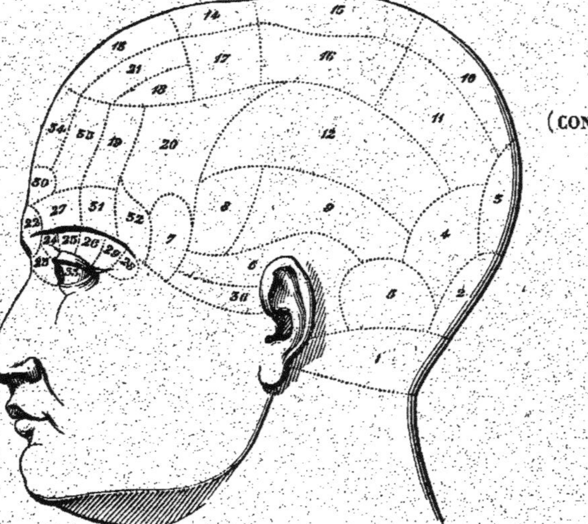

Organographie de l'ancien système.

PRIX : 1 fr. 50 c.

Organographie rectifiée et simplifiée.

A PARIS, chez { DENTU, LIBRAIRE, Palais-National, galerie d'Orléans.
{ LAISNÉ, LIBRAIRE, passage Véro-Dodat.

En adressant *franco* à l'Auteur, à Rugles (Eure), un mandat sur la poste, on recevra franc de port, par le retour du courrier :

Pour 1 f. 50 c. . . . . . un exemplaire. (*)
— 6 » . . . . . cinq exemplaires.
— 9 50 . . . . . neuf exemplaires.
— 20 » . . . . . vingt exemplaires.

(*) Une brochure grand in-8°, avec gravures et couverture imprimée sur papier de couleur.

Imprimerie de P.-E. BRÉDIF, à l'Aigle (Orne).

La nouvelle Organographie du crâne humain a été ainsi jugée

Par un *philosophe incrédule* : La manière dont vous présentez la phrénologie est ingénieuse, et me fait croire que j'ai eu tort de rejeter cette science, dont l'exagération de l'ancien système m'avait éloigné.

Par un *médecin phrénologiste, auteur d'ouvrages estimés* : J'avais pressenti les importantes modifications que vous avez apportées à la phrénologie, et qui feront à cette science un grand nombre de nouveaux partisans.

Par un *prêtre éminent* : Faites imprimer cette brochure : ce sera un livre de morale qui pourra avoir une grande influence sur l'amélioration individuelle de l'homme et le bonheur des sociétés.

NOUVELLE

ORGANOGRAPHIE

DU

CRANE HUMAIN.

Imprimerie de P.-E. BREDIF, à L'Aigle (Orne).

NOUVELLE
ORGANOGRAPHIE

DU

CRANE HUMAIN,

OU

LA PHRÉNOLOGIE

(CONNAISSANCE DE L'ESPRIT ET DU COEUR D'APRÈS LA CONFORMATION DE LA TÊTE.)

RECTIFIÉE, SIMPLIFIÉE,

ET MISE A LA PORTÉE DE TOUT LE MONDE.

Par Armand **HAREMBERT**.

> Cela est simple comme toute vérité,
> car Dieu a donné la clarté pour signe à
> tout ce qui est vrai.
> A. DE LAMARTINE.

> L'ère glorieuse approche où la philo-
> sophie et la morale seront fondées sur la
> phrénologie.
> BROUSSAIS.

A PARIS,

Chez { DENTU, Libraire, Palais-National, galerie d'Orléans.
{ LAISNÉ, Libraire, passage Véro-Dodat.

—

1851.

AU LECTEUR.

Rugles (Eure), 1851.

La phrénologie et le magnétisme vital, repoussés par la société savante, qui croit peut-être avoir des choses plus sûrement utiles à étudier, par la société polie, qui souvent juge sans voir et rit de ce qu'il y a de plus sérieux, m'ont paru cependant mériter une étude approfondie.

J'ai bientôt compris que, pour ces sciences comme pour tant d'autres choses de ce monde, les plus grands ennemis sont les amis exagérés, et que le magnétisme et la phrénologie, bien que révélés à l'homme à des époques très-éloignées l'une de l'autre, doivent être réunis pour grandir ensemble. (*)

(*) Mesmer n'a point inventé le magnétisme, qui était connu des prêtres juifs, païens et égyptiens; il n'a fait que le présenter sous des formes nouvelles, et Gall luttait à la fin du siècle dernier pour faire admettre sa nouvelle science.

Le célèbre Lacordaire, parlant du magnétisme dans la chaire de Notre-Dame, a dit : « Les phénomènes magnétiques, dans la grande

La phrénologie m'a indiqué les sujets les plus propres au magnétisme; ceux que trop de pénétration, d'imagination, de vénération ou d'amour, ont rendus, dès l'enfance, impressionnables, frêles et nerveux.

Le magnétisme, dont la puissance produit la transmission de la pensée sans le secours d'aucun signe extérieur, en m'apprenant à connaître les hommes, a modifié l'opinion que j'avais conçue de certains individus, d'après leurs crânes plus ou moins hauts, plus ou moins longs, plus ou moins larges, et m'a, pour ainsi dire, dicté les rectifications que j'ai faites aux anciens systèmes de phrénologie. Sans lui, j'aurais été trompé par l'apparence; tout le monde joue un rôle, le plus souvent pour n'être pas deviné : le cœur sensible s'enveloppe d'un corps auquel il s'efforce de donner l'apparence de la froideur, il a honte de ses larmes, et l'homme sans cœur est presque toujours celui qui sait le mieux se faire aimer.

L'étude du magnétisme et de la phrénologie m'a fait découvrir certaines vérités toujours simples et claires, et j'ai fait tous mes efforts, en les exposant, pour être simple et clair comme elles.

Je commence par la phrénologie avec l'espoir d'en démontrer l'utilité. J'aurais intitulé cette brochure : Nouvelle

---

généralité des cas, sont purement naturels. Je crois que le secret n'en a jamais été perdu sur la terre, qu'il s'est transmis d'âge en âge, qu'il a donné lieu à une foule d'actions mystérieuses dont la trace est facile à reconnaître, et qu'aujourd'hui seulement il a quitté l'ombre des transmissions souterraines, parce que le siècle présent a été marqué au front du signe de la publicité ».

ORGANOGRAPHIE DU CRANE HUMAIN RECTIFIÉE ET SIMPLIFIÉE, *par un magnétiseur*, si des hommes sérieux, convertis à la science du docteur Gall par mon nouveau système, qu'ils m'ont vivement prié de publier, ne m'avaient engagé à ne rien mêler de mystique à une science positivement sérieuse.

Je continuerai par le *magnétisme vital, son influence sur la santé* et *la pensée*, PAR UN PHRÉNOLOGISTE, lorsque je croirai possible de faire avouer leur foi à ceux qui ne VEULENT point croire, souvent parce qu'ils se sont exagéré le merveilleux et peut-être les dangers de ce qu'ils nient.

Dans le résumé que j'ai été obligé de faire de l'état actuel de la phrénologie pour démontrer la supériorité de la nouvelle organographie, je me suis servi, autant que possible, des expressions des grands maîtres Gall, Spurzheim et Fossati.

J'aurais désiré faire entrer dans cette brochure des développements que j'ai souvent donnés verbalement et qui ont été trouvés utiles ; mais il suffisait, je crois, de présenter avec clarté et laconisme la phrénologie comme je l'ai rectifiée par mes recherches dans le grand livre de la nature, comme je l'ai comprise : un instrument dont la perfection suit indéfiniment l'intelligence et l'expérience de celui qui s'en sert, en prouvant que l'homme ne naît point mauvais, mais au contraire doué de toutes les facultés qui peuvent embellir la vie.

On m'a reproché de n'être pas toujours d'accord avec les idées actuellement reçues en philosophie et en psychologie ; j'ai répondu : l'esprit humain ne doit jamais s'arrêter dans la route qui conduit à la vérité, et l'on pardonnera plutôt au marcheur courageux qui s'égare qu'au paresseux qui s'arrête indécis.

INTRODUCTION.

> L'ère glorieuse approche où la philo-
> sophie et la morale seront fondées sur la
> phrénologie.
>
> BROUSSAIS.
>
> La philosophie de l'avenir sera la
> physiologie perfectionnée.
>
> BALZAC.

La connaissance de l'esprit et du cœur humain, cette science si vaste, si difficile, si peu étudiée et que chacun croit savoir par inspiration, doit nécessairement avoir pour alphabet la phrénologie.

La merveilleuse découverte du docteur Gall sera indispensable pour l'éducation des enfants, elle sera enseignée comme point de départ de la philosophie, quand la philosophie, qui doit marcher toujours pour se rapprocher de Dieu, aura fait quelques pas encore vers la vérité. (*)

(*) Si certains philosophes avaient connu la phrénologie, ils n'auraient pas attribué à la main, à la plus ou moins grande délicatesse du toucher, la supériorité de l'homme sur les animaux.

Les sens sont bien une des causes premières de l'action des facultés intellectuelles; l'enfant qui n'a rien vu, rien *touché*, rien *entendu*, rien

François Joseph Gall, né le 9 mars 1757 à Tiefenbrun (Vurtemberg), frappé dès son enfance des différents goûts et des différentes aptitudes de ses frères et sœurs, de ses camarades d'école, finit, après de nombreuses recherches, par se croire fondé à admettre que les différents caractères sont indiqués par les formes particulières de la tête, dont la variété ne devait pas accuser la nature de produire, sans but, des formes spéciales.

Il fit une collection de crânes d'hommes et d'animaux, et la grande analogie qu'il remarqua entre certaines protubérances de ces crânes et les penchants qui sont communs aux hommes et à certains animaux, lui permit de désigner le siége de plusieurs facultés primitives. De nombreuses recherches sur les nerfs et les circonvolutions du cerveau complétèrent sa découverte, qui, d'après un ou-

---

goûté, rien *senti*, n'a probablement aucune idée (je dis *probablement;* car le magnétisme, pour expliquer ses phénomènes, est obligé de croire à un fluide universel, au moyen duquel des personnes, même éloignées l'une de l'autre, sont en communication de pensées et de sensations sans le secours d'aucun signe extérieur); mais, sans les facultés intellectuelles, qui, au dire de Cuvier et de Magendie, sont en rapport avec la masse du cerveau, les mains n'auraient jamais inspiré à Galilée, à Papin, à Volta, à tant d'autres, leurs sublimes découvertes.

Il faut distinguer les sens des facultés intérieures ; ils sont un intermédiaire entre ces dernières et le monde : leur finesse, due à la perfection des appareils extérieurs que la nature leur a donnés, autant qu'à la partie inférieure du cerveau, siége de leurs sensations, n'est point proportionnée à la supériorité de nos facultés intellectuelles. Le docteur J. Fossati a dit : AVEC LA VUE BASSE, L'OREILLE PARESSEUSE, LE GOUT ET L'ODORAT PRESQUE NULS (il aurait pu dire aussi le toucher peu délicat), ON PEUT ÊTRE UN HOMME DE GÉNIE. J'ajoute : ET VICE VERSA.

vrage anglais, « a rendu palpables les mouvements de
l'âme, en dénonçant par des signes matériels la mystérieuse
accointance de l'esprit et de la matière, des sentiments
physiques avec les prédispositions morales; qui a pu dire
ce qu'il a fallu de courage à tel homme pour devenir ver-
tueux, ce qu'il y a d'entraînement fatal dans tel scélérat ».

Je crois devoir prévenir ici quelques objections en citant
un passage d'une lettre que le docteur Gall écrivait, en 1798,
à Joseph de Retzer, relativement à son prodrôme sur les
fonctions du cerveau chez l'homme et les animaux :

« L'homme peut combattre ses penchants. Ceux-ci, à
la vérité, sont toujours des attraits qui l'induisent en ten-
tation; mais ils ne sont pas tels qu'ils ne puissent être
vaincus et subjugués par d'autres plus forts ou qui lui sont
opposés. Que serait l'abnégation de soi-même, tant recom-
mandée, si elle ne supposait pas un combat intérieur?
Donc, plus on multipliera et l'on fortifiera les préservatifs,
plus l'homme gagnera en libre arbitre ou en liberté morale.
Plus les penchants intérieurs sont forts, plus devront être
forts les préservatifs. De là résultent la nécessité et l'utilité
de la connaissance de l'homme, de la théorie, de l'origine
de ses facultés et de ses inclinations, de l'éducation, des
lois, des peines et des récompenses, de la religion. Mais la
responsabilité cesse, même d'après les plus sévères théolo-
giens, si l'homme, ou n'est pas du tout excité, ou ne peut
absolument résister à une trop violente excitation. »

I

PHRÉNOLOGIE.

PRINCIPES GÉNÉRAUX.

DU VOLUME ET DE L'ÉQUILIBRE DES ORGANES DU CERVEAU.

> Tous les peuples, de temps immémorial, ont regardé le cerveau comme l'organe de l'intelligence.
>
> **DEBREYNE**, *docteur en médecine, prêtre et religieux de la Grande-Trappe.*

Le volume du cerveau est en rapport avec sa *puissance* (*), qu'il ne faut pas confondre avec son *activité* (**), sur laquelle l'exercice, la santé et l'âge ont une immense influence.

(*) Cuvier et Magendie, qui sont d'importantes autorités, disent que les lobes cérébraux sont le siége de toutes les sensations. Cuvier ajoute que l'anatomie comparée ne laisse aucun doute sur la proportion constante qui existe entre le volume de ces lobes et le degré d'intelligence des animaux.

(**) L'exercice habituel d'un organe lui donne une activité qui le rend supérieur à des organes plus développés, mais inactifs. On croit que cette activité finit, à la longue, par lui donner un développement qui se fait plus particulièrement remarquer du côté gauche.

Le cerveau, dont toutes les parties sont doubles, les unes à droite, les autres à gauche, liées entre elles par des fibres transversales nommées commissures, se développe et décroît à certaines époques de la vie. Le crâne, étant subordonné à ces variations, indique assez exactement la capacité des organes qu'il renferme. (*)

L'équilibre entre tous ces organes donne au crâne la beauté de forme, à l'homme les plus heureuses dispositions ; il est bien rarement établi par la nature, qui n'a pas créé deux cerveaux identiquement semblables.

C'est l'influence de la dépression, de la présence ou de l'exagération (**) de certains organes sur les goûts, les

---

(*) On a opposé à la phrénologie les SINUS FRONTAUX, creux que l'on remarque entre les deux tables du crâne, sur l'organe de la *mémoire locale*. Ces sinus n'existent point chez l'enfant ; ils sont grands chez le vieillard dont la profession n'a point exercé l'organe qu'ils couvrent, et très-petits chez le peintre et le voyageur.

Chez l'enfant, l'organe de la mémoire des lieux et des choses est excité au plus haut degré par la nouveauté de tout ce qui frappe ses regards ; plus tard, presque inactif, il diminue, et le crâne, qui ne laisse jamais de vide entre lui et le cerveau, offrant à cette partie une résistance causée par une arête verticale intérieure, ne peut céder tout entier pour suivre la diminution qui s'opère ; il se sépare et laisse entre ses deux tables le vide dont il s'agit, qui, loin d'être un argument contre la phrénologie, trouve dans cette science l'explication de son existence.

Le bœuf de nos herbages, qui a très-peu d'occasions d'exercer ses instincts, et dont le crâne est très-fort à la partie surtout où sont attachées ses cornes, a des sinus énormes.

(**) Un front large et élevé n'indique pas toujours la supériorité, et un front fuyant se rencontre quelquefois chez un homme distingué, parce que la PERSÉVÉRANCE, la PRÉVOYANCE, l'ÉMULATION, l'AMBITION, l'ADRESSE et la RUSE, aident souvent à réussir, et que, sans ces facultés, l'IMAGINATION qui élargit le front, le RESPECT, la CONSCIENCE qui l'élèvent, et la PÉNÉTRATION qui le prononce en avant, perdent quel-

aptitudes, les caractères, qui doit faire l'objet des observations et de l'étude du phrénologiste. (*)

---

quefois leur puissance. Souvent aussi une bonne éducation, qui fait si bien comprendre que la sagesse, la vertu, le bonheur, sont dus à la victoire des facultés de l'âme sur les instincts, a donné aux organes de la pensée une heureuse activité.

Il faut calculer la distance du front à l'oreille pour apprécier le volume de la partie du cerveau qui transmet la pensée.

(*) J'engage le lecteur qui veut se livrer sérieusement à l'étude de la phrénologie, à se procurer le magnifique volume publié, en 1847, par Hᵀᴱ Bruyères, chez Aubert et Cᵉ, à Paris. Cet ouvrage, dans cent vingts portraits et tableaux de genre gravés sur acier avec le plus grand soin, donne, pour la première fois peut-être, un accord parfait entre les crânes, les physionomies et les gestes. Il fallait être observateur et peintre bien distingué, et peut-être aussi beau-fils et collaborateur de Spurzheim, pour dessiner, avec autant de grâce et de vérité, les sentiments, les penchants et les facultés de l'humanité.

II

EXPOSITION

DE L'ANCIEN SYSTÈME DE PHRÉNOLOGIE.

> Comment! si je n'ai pas un petit organe particulier (si je n'ai pas, car il peut me manquer), je ne sentirai pas qu'il y a un Dieu? Eh! comment puis-je être une intelligence qui se sente sans sentir Dieu?
>
> FLOURENS.

> La phrénologie dissèque et nie. Elle supprime le moi, la liberté, la vie. Que reste-t-il? un cerveau mort, un cadavre; le scalpel est toute sa philosophie.
>
> DEBREYNE, *Docteur en médecine,*
> *Prêtre de la Grande-Trappe.*

Depuis les découvertes de Gall (1796), les phrénologistes n'ont pas toujours été d'accord sur la classification méthodique des organes; mais les différents systèmes n'ont jamais modifié les principes fondamentaux de la physiologie du cerveau.

Gall a désigné le siége de vingt-neuf facultés primitives.

Spurzheim, son disciple et son collaborateur, porta ce nombre à trente-cinq. M. Combe d'Édembourg, les docteurs Vimont, Dumoutier, Broussais et Fossati (*), ont cru devoir l'augmenter encore.

(*) Le docteur J. Fossati, président de la société phrénologique de Paris, admet l'*alimentivité* au nombre des penchants. Il croit à trente-six facultés primitives qu'il classe comme Spurzheim, avec une seule différence indiquée dans une note, page 19.

2

Voici, d'après Spurzheim, la classification, la définition et les conséquences des facultés primitives.

ORDRE Ier.

FACULTÉS AFFECTIVES.

GENRE Ier. PENCHANTS.

N° 1. (*) AMATIVITÉ, amour physique.

2. PHILOGÉNITURE, amour des enfants.

3. HABITATIVITÉ, amour de l'habitation, nostalgie.

4. AFFECTIONIVITÉ, attachement, amitié, sociabilité, mariage, disposition à contracter certaines habitudes.

5. COMBATIVITÉ, courage, querelles, rixes.

6. DESTRUCTIVITÉ, meurtre, cruauté.

7. CONSTRUCTIVITÉ, penchant à construire, mécanique.

8. ACQUISIVITÉ, convoitise, vol.

9. SECRÉTIVITÉ, penchant à cacher, ruse, mensonge, intrigue, hypocrisie.

GENRE IIe. SENTIMENTS.

10. ESTIME DE SOI, amour-propre, orgueil, fierté, suffisance, insolence.

11. APPROBATIVITÉ, amour de l'approbation.

12. CIRCONSPECTION, irrésolution, mélancolie.

13. BIENVEILLANCE, pitié, équité, humanité. (Gall avait dit : sentiment du juste et de l'injuste, conscience.)

14. VÉNÉRATION, Dieu et la religion, théosophie.

(*) Ces numéros indiquent, sur la figure n° 1, page 24, le siége de toutes ces facultés.

15. Persévérance, constance, opiniâtreté, entêtement, mutinerie, désobéissance, esprit séditieux.

16. Justice.

17. Espérance.

18. Surnaturalité (Gall avait dit : merveillosité). Spurzheim ajoute : Ce sentiment fait croire aux inspirations, aux pressentiments, aux fantômes, aux démons, à la magie, aux revenants, aux sortiléges, aux enchantements : il contribue à la foi religieuse par la croyance aux mystères et aux miracles.

19. Esprit de saillie; la raillerie, la moquerie, l'ironie en dépendent; la gaieté en résulte. (Gall avait dit : causticité.)

20. Idéalité. (Gall avait dit : poésie.)

21. Imitation, et mimique.

ORDRE IIe.

FACULTÉS INTELLECTUELLES.

GENRE Ier. SENS EXTÉRIEURS. (*)

Le Toucher, l'Odorat, le Gout, l'Ouïe, la Vue.

(*) On lit, dans le Manuel pratique de phrénologie, publié en 1845 par le docteur *Fossati*, page 200 : « Spurzheim, dans son Manuel de phrénologie, dit : « Les sens ne sont que des intermédiaires entre les facultés intérieures et le monde extérieur, et c'est une grande erreur de les considérer comme causes des facultés réflectives et intellectuelles ». « Nous sommes de son avis sur ce point; mais, si les sens ne sont que des intermédiaires, pourquoi les a-t-il classés parmi les facultés intellectuelles? Les sens extérieurs ont leurs fonctions à eux, qui ne ressemblent ni aux facultés intellectuelles, ni aux facultés réflectives; ils ont la faculté de sentir les impressions des objets qui sont hors de nous et celle de les transmettre au cerveau. Il nous paraît dès lors qu'il

GENRE IIe. FACULTÉS PERCEPTIVES.

22. INDIVIDUALITÉ, la faculté de reconnaître l'existence individuelle des objets extérieurs.

23. CONFIGURATION, la connaissance des personnes, la forme des choses.

24. ÉTENDUE, notion du volume et des dimensions d'un objet.

25. PESANTEUR, poids, résistance, consistance des objets.

26. COLORIS.

27. LOCALITÉ, mémoire locale, cosmopolisme.

28. NUMÉRATION, calcul, nombres.

29. ORDRE, arrangement, classification.

30. PHÉNOMÈNES. (Gall avait dit : éducabilité, et Fossati, d'après Combe, dit : éventualité.)

31. TEMPS, notion de la durée.

32. MÉLODIE.

33. LANGAGE ARTIFICIEL, mémoire verbale.

GENRE IIIe. FACULTÉS RÉFLECTIVES.

34. COMPARAISON.

35. CAUSALITÉ. (Gall avait dit : métaphysique.)

Depuis Spurzheim, on a ajouté à cette longue liste une faculté affective, l'ALIMENTIVITÉ, gourmandise 36, et la BIOPHILIE, amour de la vie, appelée VITALITÉ par Spurzheim, qui en avait soupçonné l'existence, et définitivement reconnue par M. Combe, les docteurs Vimont, Dumoutier et Broussais.

---

vaut mieux appeler les sens extérieurs tout simplement sens extérieurs, que de les forcer d'entrer dans un cadre qui n'est pas fait pour les recevoir ».

III

ORGANOGRAPHIE

SIMPLIFIÉE ET RECTIFIÉE.

> De tout temps on a jugé de l'intelligence de l'homme par l'élévation, la proémi-nence et la largeur du front; et, si l'on rencontre quelquefois des idiots ou des êtres imbéciles avec un angle facial très-ouvert, à 90 degrés par exemple, ou même davantage, alors ordinairement le crâne ou du moins le front offre une conformation vicieuse ou très-irrégulière.
>
> DEBREYNE, *docteur en médecine, prêtre et religieux de la Grande-Trappe.*

L'application des anciens systèmes de phrénologie, faite sur un grand nombre d'individus avec ce besoin de preuves matérielles qui met à l'abri de l'influence des discours entraînants, souvent dangereuse dans la recherche de la vérité, m'a fait remarquer que certaines protubérances *ne trompent jamais;* que d'autres, au contraire, quoique fort prononcées, ne produisent pas toujours les effets indiqués par les phrénologistes.

Ces observations m'ont conduit à découvrir : que la phrénologie doit compter, dans le crâne de l'homme, *quatorze* *organes primitifs* seulement, *ceux qui ne trompent jamais;* que les *vingt-trois autres* sont le résultat de la réunion dans un même cerveau de quelques-unes de ces quatorze *couleurs premières*, dont les différents mélanges produisent une immense variété de *nuances*. (*)

La *justice* 16, par exemple, ne peut avoir un organe spécial indiqué par une protubérance du crâne; elle est le résultat de la réunion, dans un même cerveau, de la *conscience*, de la *pénétration*, de la *prévoyance* et de la *fermeté*, sans lesquelles elle n'existerait pas, et qui y occupent des places différentes. (**)

Je crois ce nouveau système préférable à tous les autres, non-seulement parce qu'il est le plus simple, le plus vrai (***), parce qu'il s'élargit indéfiniment avec l'intelligence et l'expérience de celui qui s'en sert, mais encore parce qu'il semble indiqué par la nature; car, en le topographiant sur un crâne naturel, il m'a été démontré que

---

(*) L'ancien système, en admettant les nuances comme facultés primitives, en avait souvent désigné le siége à la jonction des principaux organes dont elles sont la conséquence.

(**) Il n'est point probable que la nature ait créé des organes pour des facultés existant déjà dans la réunion de certains autres. Le siége que Spurzheim avait donné à la *justice* comme faculté primitive, est le point de jonction des organes de la *fermeté*, de la *prévoyance* et de *l'approbativité*. Cette combinaison peut faire des hommes qui paraissent justes; mais la vraie justice est plutôt guidée par la *pénétration* et la *conscience*, que par l'amour de l'approbation.

(***) On lit, dans l'Anthropotomie de Brière de Boisemont, **D. M. P.**, page 420 : « USAGES DU CERVEAU. L'observation paraît favorable aux grandes divisions de la phrénologie; mais il n'en est pas ainsi lorsque Gall veut assigner un endroit déterminé pour chaque faculté ou penchant ».

les sutures en font les principales divisions (*), qui paraissent aussi indiquées par les anfractuosités des circonvolutions du cerveau.

(*) Les *sutures* dont les phrénologistes ne se sont point occupés, peuvent aussi servir à faciliter le prompt développement de certaines facultés. On acceptera cette opinion en remarquant que les organes les plus éloignés des sutures, ceux qui ont leur siége au milieu du frontal et des pariétaux, sont des dons de la nature qu'il est difficile de grandir même dans l'enfance : la *pénétration* (l'esprit), la *conscience*, la *prévoyance*, la *mémoire locale;* tandis qu'au contraire nous voyons fréquemment se développer les facultés produites par les organes voisins des sutures : le *courage*, la *ruse*, le *mensonge*, l'*orgueil*, l'*imagination*, la *merveillosité*, la *vénération*, etc.

Les anatomistes appuient cette opinion lorsqu'ils disent que l'on rencontre assez souvent, entre les sutures du crâne humain, des os appelés os WORMIENS, du nom de celui qui le premier les a remarqués, que leur grandeur est très-variable, qu'ils n'existent jamais dans le fœtus. Ces os ont infailliblement pour but de remplir les écartements causés aux différentes parties du crâne par le développement de certains organes.

Je n'ai point classé la *fermeté* (persévérance), quoique voisine d'une suture, parmi les facultés qu'on voit souvent se développer, parce que les gens qui en manquent sont trop faibles pour grandir, par l'activité, les organes sources des facultés utiles, et souvent même pour empêcher le développement de ceux qui peuvent les porter au mal.

Si la mémoire des mots, qui est loin des sutures, s'acquiert cependant dans l'enfance, cela vient de ce que la partie du crâne qui la sépare de l'œil, sous l'arcade orbitaire, est extrêmement mince et cède facilement. Chez le vieillard, dont toutes les sutures sont définitivement soudées, le cerveau ne peut plus donner place à aucun développement.

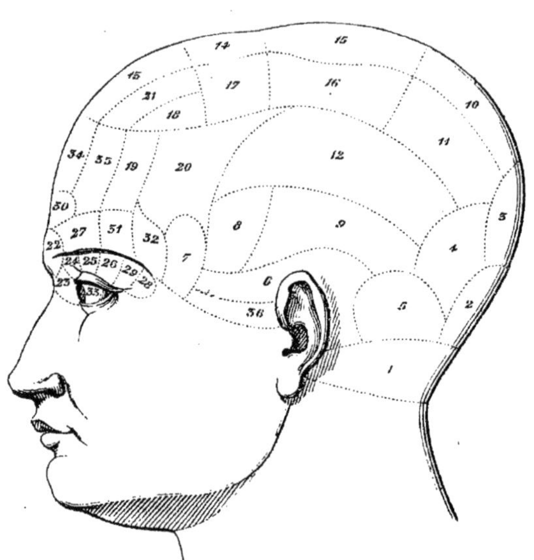

ORGANOGRAPHIE DE L'ANCIEN SYSTÊME.

ORDRE Ier.

Facultés affectives.

GENRE Ier. *Penchants.*

1. AMOUR, amativité, génération.
2. PHILOGÉNITURE.
3. HABITATIVITÉ, nostalgie.
4. AFFECTIONIVITÉ, attachement.
5. COURAGE, combativité, défensivité.
6. DESTRUCTIVITÉ, cruauté.
36. ALIMENTIVITÉ, gourmandise.
7. CONSTRUCTIVITÉ, mécanisme.
8. CONVOITISE, acquisivité, vol.
9. SECRÉTIVITÉ, ruse, mensonge.

GENRE IIe. *Sentiments.*

10. ESTIME DE SOI, indépendance, amour-propre.
11. APPROBATIVITÉ, ostentation, vanité.
12. CIRCONSPECTION.
13. BIENVEILLANCE, équité.
14. VÉNÉRATION, Dieu et la religion.
15. FERMETÉ, opiniâtreté.
16. JUSTICE.
17. ESPÉRANCE.
18. SURNATURALITÉ, merveillosité.
19. CAUSTICITÉ, gaieté.
20. POÉTIQUE, idéalité.
21. MIMIQUE, imitation.

ORDRE IIe.

Facultés intellectuelles.

GENRE Ier. *Facultés perceptives.*

22. INDIVIDUALITÉ.
23. CONFIGURATION.
24. ÉTENDUE.
25. PESANTEUR, tactilité.
26. COLORIS, peinture.
27. LOCALITÉ, paysage.
28. NUMÉRATION, calcul.
29. ORDRE, classification.
30. ÉVENTUALITÉ, éducabilité, phénomènes.
31. TEMPS.
32. MÉLODIE, tons, musique.
33. LANGAGE, sons.

GENRE IIe. *Facultés réflectives.*

34. COMPARAISON.
35. CAUSALITÉ.

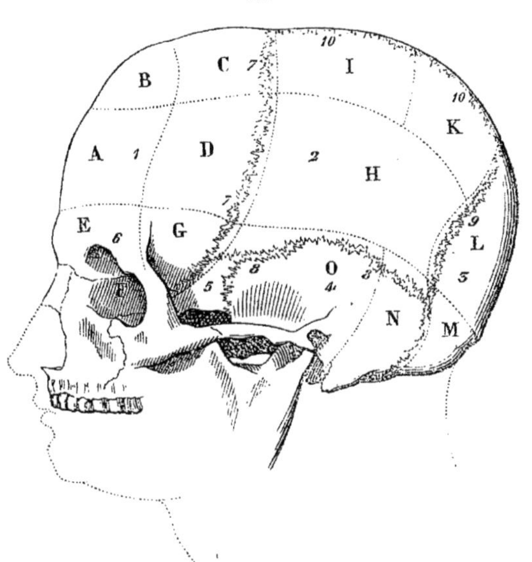

ORGANOGRAPHIE SIMPLIFIÉE ET RECTIFIÉE.

ORGANES POUR LES FACULTÉS DE L'AME.	ORGANES POUR LES BESOINS DU CORPS.
A. PÉNÉTRATION, sagacité comparative.	**H.** PRÉVOYANCE.
B. CONSCIENCE, équité.	**I.** FERMETÉ, persévérance.
C. RESPECT.	**K.** FIERTÉ, estime de soi.
D. IMAGINATION, idéalité.	**L.** SYMPATHIE, amitié, sociabilité.
E. MÉMOIRE LOCALE, configuration.	**M.** AMOUR, instinct de la reproduction.
F. MÉMOIRE DES SONS, DES MOTS. (*)	**N.** COURAGE.
G. HARMONIE, applicable à la configuration, aux sons, aux idées.	**O.** ALIMENTIVITÉ, instinct de manger pour vivre.

OSTÉOLOGIE. 1, FRONTAL; 2, un des deux PARIÉTAUX; 3, OCCIPITAL; 4, un des deux TEMPORAUX; 5, SPHÉNOÏDE, dont on voit ici une des ailes; 6, ARCADE ORBITAIRE; 7, SUTURE FRONTALE; 8, SUTURE TEMPORALE; 9, SUTURE LAMBDOÏDE; 10, SUTURE SAGITTALE.

(*) Cet organe, qui se montre en saillie sous l'arcade orbitaire, quand il est très-prononcé, pousse les yeux à fleur de tête.

IV

NOUVELLE

CLASSIFICATION DES ORGANES.

> Bien que la nature de l'âme ne nous soit
> pas assez connue pour que nous attribuions
> au corps seul la variété des génies qui se
> remarquent parmi les hommes, on ne sau-
> rait nier néanmoins que la constitution du
> corps n'ait une prodigieuse influence sur
> tout ce qui concerne notre esprit : l'union
> de l'âme et du corps est donc bien intime.
>
> J. ACCARD, *l'un des collaborateurs*
> *de l'Encyclopédie nouvelle.*

La nature a donné au cerveau de l'homme quatorze organes primitifs :

Sept pour les facultés de l'âme, (*)

Sept pour les besoins du corps.

(*) *Faculté de l'âme* veut dire ici *pensée* (le résultat de la puissance d'avoir, de juger et d'harmoniser des idées), cette partie de l'homme qui ne meurt pas avec lui, et qui, quand elle est une fois dans la voie de la vérité, marche vers une amélioration croissante et inaltérable.

Le *corps* est l'instrument plus ou moins complet donné à l'âme pour la mettre en rapport avec le monde matériel.

ORGANES POUR LES FACULTÉS DE L'AME.

PÉNÉTRATION (sagacité comparative).
CONSCIENCE (équité).
RESPECT.
IMAGINATION (idéalité).
MÉMOIRE LOCALE (des lieux, des choses, confi-
guration).
MÉMOIRE DES SONS, DES MOTS.
HARMONIE, applicable aux formes, aux sons, aux
idées.

Ces facultés pourront être modifiées par leur développement, l'éducation et l'influence d'autres organes :

La PÉNÉTRATION, en esprit profond (comparaison, causalité), etc. ;

La CONSCIENCE, en bienveillance, humanité, douceur, etc. ;

Le RESPECT, en vénération, théosophie, etc. (*);

L'IMAGINATION, en poésie, merveillosité, enthousiasme,
exaltation, etc. ;

La MÉMOIRE LOCALE, en connaissance des personnes, des lieux, etc. ;

La MÉMOIRE DES SONS, en langage, etc. ; } en mémoire des idées (**);

L'HARMONIE, en mécanisme, peinture, musique, poésie,
etc. , selon qu'elle sera appliquée à la mémoire des choses,
des sons ou à l'imagination.

(*) On a cru que l'idée de Dieu et de religion est due à cet organe,
parce que la plupart des hommes apprenant dès l'enfance à connaître
un Dieu revêtu de toutes les qualités que la nature n'a jamais réunies.

ORGANES POUR LES BESOINS DU CORPS.

PRÉVOYANCE.
FERMETÉ (persévérance).
FIERTÉ (estime de soi).
SYMPATHIE (instinct de s'attacher à quelqu'un, à
    quelque chose).
AMOUR (instinct de la reproduction).
COURAGE.
ALIMENTIVITÉ (instinct de manger pour vivre)..

Ces facultés pourront aussi être modifiées par leur développement, l'influence ou la non-activité d'autres organes :

La PRÉVOYANCE, en circonspection, indécision, timidité, etc. ;

La FERMETÉ, en constance, persévérance, entêtement, etc. ;

La FIERTÉ, en amour-propre, respect humain, émulation, ambition, coquetterie, jalousie, etc. ;

---

dans un seul individu, tout le respect dont ils étaient susceptibles s'est porté sur cet être parfait. Ce qui dispose surtout cet organe à sortir de sa faculté première, le respect, l'admiration pour Dieu, pour le bien, pour les personnes supérieures en talents, en vertus, c'est le développement de l'imagination qui dans ce cas crée la merveillosité, la superstition. (Voir page 41.)

(**) Les phrénologistes ont dit : Il y a autant de sortes de mémoires que de facultés intellectuelles, chaque faculté a le pouvoir de reproduire ses impressions à volonté.

Je crois plus vrai de dire : De la mémoire locale et de la mémoire des sons, naît la mémoire des idées qui prennent des formes dans notre esprit, des mots dans notre langage.

La sympathie, en sociabilité, nostalgie, disposition à contracter certaines habitudes, certaines manies, etc. ;

Le courage, en susceptibilité, etc. ;

L'alimentivité, en instinct de la conservation, égoïsme, cruauté, etc. (Voir, page 38, cruauté.) (*)

La *prévoyance*, la *persévérance*, la *fierté*, la *sympathie*, l'*amour*, le *courage* et l'*alimentivité*, sont pour les animaux des mouvements intérieurs qui les font agir sans le secours de la réflexion. Mariés chez l'homme aux organes de la pensée, ces instincts peuvent devenir de sublimes facultés. (**)

(*) L'attention est l'activité des organes du cerveau, éveillée par une sensation ou le souvenir d'une idée.

La volonté n'est souvent qu'un vif désir ; elle est alors le résultat de l'activité de l'organe d'un penchant : quand elle devient une détermination inébranlable, elle est due au développement des organes de la fermeté et du courage.

Il n'est point question ici de la volonté qui commande les mouvements instantanés du corps, etc. : les phrénologistes n'ont point la prétention d'expliquer tous les phénomènes physiologiques de la volonté, de la mémoire, surtout quand ils ont vu la puissance de cette volonté produire le somnambulisme magnétique, et ce somnambulisme donner au sujet magnétisé, par transmission des pensées, la connaissance de faits que ceux dans l'esprit desquels il les lit, croyaient effacés de leur mémoire. Le prédicateur Lacordaire va plus loin encore quand il dit du magnétisme : « C'est un phénomène qui appartient à l'ordre prophétique ».

(**) Chez la plupart des animaux, les instincts, qui nous étonnent, sont aidés par la *mémoire* (*formes* et *sons*) et des sens souvent plus parfaits que les nôtres. Pour le chat, le chien, le renard, etc., l'appareil de l'odorat est tellement supérieur à celui de l'homme, qu'il nous est presque impossible de nous en faire une juste idée : pour ces animaux, l'odorat est peut-être une seconde vue.

V

DÉSIGNATION DU SIÉGE DES ORGANES,

ET BUT DE LA NATURE EN LES DONNANT AUX HOMMES.

> Dominus nemini mandavit impiè agere,
> et nemini dedit spatium peccandi.
> *Ecclésiastique*, XV-21.
>
> Deus ab initio constituit hominem, et
> reliquit illum in manu consilii sui.
> *Ecclésiaste*, XV-14.

1° ORGANES POUR LES FACULTÉS DE L'AME.

LE FRONTAL, 1. (*)

La pensée trouve, sous le frontal, les organes qui l'unissent à la matière. D'abord et au milieu, la PÉNÉTRATION A; en s'élevant, la CONSCIENCE B; plus haut, le RESPECT C; en s'élargissant, L'IMAGINATION D, en s'abaissant, la MÉMOIRE LOCALE E et DES SONS F, un auxiliaire puissant; et l'HARMONIE G, une jouissance, un langage surhumain.

(*) Les chiffres et les lettres correspondent à ceux placés sur la figure-n° 2.

2° ORGANES POUR LES BESOINS DU CORPS.

Les parties latérales et postérieures du crâne enveloppent les organes destinés aux besoins du corps.

LES PARIÉTAUX, 2.

La PRÉVOYANCE H, qui semble le prolongement de la pensée au milieu des instincts, pour les diriger.

La FERMETÈ I, indispensable pour surmonter les obstacles que l'homme rencontre presque partout.

La FIERTÉ K, qui est la source de l'amour-propre et de l'émulation.

L'OCCIPITAL, 3.

La SYMPATHIE L, qui embellit la vie en donnant l'instinct de la sociabilité.

L'AMOUR M, ou l'instinct de la reproduction.

LES TEMPORAUX, 4.

Le COURAGE N (*), qui inspire à l'homme la défense de soi, de sa propriété, de son pays; mais dégénérant en cruauté quand il n'est pas guidé par l'équité.

L'ALIMENTIVITÉ O, l'instinct de manger pour vivre. La faim étant une maladie mortelle, il fallait un instinct pour en indiquer le remède.

(*) Le développement de cet organe s'étend sous la partie inférieure et postérieure de l'os pariétal.

Chez les animaux qui vivent du sang des autres, et chez les hommes, quand les organes des besoins du corps l'emportent en puissance ou en activité sur ceux des facultés de l'âme, le *courage* et l'*alimentivité* font naître la *cruauté*. (Voir, page 38, cruauté.)

Cette combinaison, jointe à la prévoyance, crée le *mensonge*, la *ruse* ; exagérée, elle inspire les abominations attribuées par la Bible et l'histoire aux peuples de tous les temps.

Ce sont ces deux organes qui trop souvent nous portent au mal, et qu'on pourrait alors appeler l'influence du diable, si la conscience et le respect sont la voix de Dieu. D'après la place que les organes de ces facultés occupent dans le cerveau, ceux-ci sont l'élévation de la pensée, les autres l'abaissement de la prévoyance.

Une mauvaise éducation, de mauvais exemples, l'influence des idées du siècle, nous portent souvent aussi à faire de nos facultés un usage contraire à leur destination primitive, ce qui nous fait rencontrer quelquefois des hommes dont certains défauts ne sont pas la conséquence naturelle de leur organisation.

VI

PRINCIPALES NUANCES

PRODUITES PAR LA DÉPRESSION, LA PRÉSENCE, L'EXAGÉRATION
DES QUATORZE ORGANES PRIMITIFS DU CERVEAU DE L'HOMME,

ET NOTAMMENT

CELLES QUE DANS L'ANCIEN SYSTÈME ON AVAIT A TORT DÉSI-
GNÉES COMME FACULTÉS PREMIÈRES.

———

COMPARAISON, 34; CAUSALITÉ, 35. C'est la *pénétration*
qui procède par comparaison, et qui en s'élargissant cherche
les *causes* des différences ou des analogies.

CAUSTICITÉ, ESPRIT DE SAILLIE, GAIETÉ, 19. Le siége que
Gall avait désigné pour ces facultés est l'*élargissement* de la
pénétration vers l'*imagination*; il produit ce qu'on appelle
l'*esprit*, qui prend une couleur MALIGNE, CAUSTIQUE, quand
il n'est pas dirigé par la bienveillance; MÉCHANTE quand
la *cruauté* (*) et la jalousie l'accompagnent; sans la *circonspection*, il est GAI, LÉGER; quand la *circonspection* est
très-développée, il est rarement BRUYANT, souvent TRISTE;
avec la mémoire des mots, il devient BRILLANT; quand la
mémoire domine la *pénétration*, il n'est souvent que du
BAVARDAGE.

LOCALITÉ, 27; ÉTENDUE, 24; CONFIGURATION, 23; INDI-

(*) La cruauté n'est point une faculté primitive, c'est une couleur
composée : j'en ferai entrer quelques-unes dans la formation de certaines nuances.

viduALITÉ, **22**; PESANTEUR, **25**; COULEURS, **26**; ORDRE, **29**.
C'est la *mémoire locale* aidée de la *pénétration* et de l'*harmonie*.

La force de l'habitude, que nos pères ont appelée une seconde nature, joue un grand rôle dans le développement des nuances de certains organes. La *mémoire locale*, par exemple, qui consiste à faire comprendre et retenir la FORME, la COULEUR, l'ÉTENDUE, la SOLIDITÉ, la PESANTEUR de ce qui occupe notre attention, ne produirait pas les mêmes effets chez des hommes d'une configuration identique, mais de professions différentes : les uns apprécieraient avec plus de sûreté l'étendue, les autres, la pesanteur, les uns, la forme, les autres, la couleur. Avec l'*harmonie*, cet organe produit le goût dans l'assemblage des couleurs et indique la place que chaque chose doit occuper.

IDÉALITÉ, POÉSIE, **20**; SURNATURALITÉ, **18**. C'est l'*imagination* (enthousiasme) plus ou moins rapprochée et accompagnée de la *pénétration*, de l'*harmonie* et de la *vénération*.

CONSTRUCTION, MÉCANIQUE, **7**. Ceux qui ont cru à un organe pour cette faculté, l'avaient placé auprès de l'*harmonie*, dont il n'est que l'extension appliquée aux formes. Cette combinaison, accompagnée de la *prévoyance*, de la *fierté* ou de la *théosophie*, fait construire des maisons, des palais et des temples ; elle est indispensable à l'architecte dont elle cause le goût ; elle fait aussi les mécaniciens.

NOMBRES, **28**. C'est l'*harmonie* appliquée aux choses, aidée de la mémoire des mots : (l'enfant sait souvent que dix fois dix font cent avant de comprendre la valeur des mots qu'il emploie). Il faut y ajouter la pénétration pour faire les mathématiciens.

Mélodie, **32**. C'est l'harmonie appliquée aux sons.

Éducabilité, Phénomènes, Éventualité, **30**. La partie médiane inférieure du frontal a beaucoup occupé les phrénologistes; Gall y a vu l'*éducabilité*, Spurzheim les *phénomènes*, et Combe l'*éventualité* : ils avaient tous trois raison, c'est la *pénétration* unie à la *mémoire des formes et des idées*, produisant l'intelligence des sciences, des arts, des événements; seulement ils avaient tort, je crois, de vouloir un organe primitif pour chacune de ces nuances.

Temps, **31**. Spurzheim a dit : « Il y a beaucoup de connexion entre l'*ordre* et le *temps*, entre l'*ordre* et le *nombre*. Le nombre a plus de rapport aux objets; le temps en a plus aux phénomènes ». Pourquoi donc a-t-il placé un organe pour la notion de la durée entre ceux de la *pénétration* (comparaison), de la *mémoire* et de l'*harmonie?* Comme l'*ordre* et les *nombres*, la notion de la durée est une faculté produite par la combinaison de ces trois organes.

Ruse, Mensonge, Intrigue, Secrétivité, **19**. C'est l'alliance de la *prévoyance* avec la *cruauté*, souvent avec l'*imagination*, quelquefois même avec la *bienveillance*. De là les trois sortes de mensonges distingués par les casuistes chrétiens : pernicieux, joyeux, officieux.

Espérance, **17**. Gall, confondant l'espérance avec le désir, en avait fait un attribut de chaque organe. Spurzheim, reconnaissant que l'espérance remplit l'avenir d'un bonheur imaginaire, en plaça l'organe à la jonction de l'*imagination* et de la *théosophie*, parce qu'il l'avait étudié chez des individus qui avaient placé leur espérance jusqu'au ciel. L'espérance est due à la combinaison de l'*imagination* et de la *prévoyance* avec l'*ambition*, la *théosophie* et bien d'autres facultés.

Justice, **16**. J'ai déjà dit que la conscience (équité) ne suffit pas pour constituer la justice; il faut y joindre la *pénétration*, la *prévoyance* et la *fermeté*. Le siége que Spurzheim avait désigné à la justice comme organe primitif, est le point de jonction des organes de la *fermeté*, de la *prévoyance* et de l'*approbativité* (fierté). Cette combinaison peut faire des hommes qui paraissent justes, elle a dû tromper les phrénologistes qui cherchaient un organe pour chaque nuance, et qui n'avaient pas encore trouvé toute la supériorité de la phrénologie sur le système de Lavater. La physionomie dit assez justement le rôle que nous sommes convenus de jouer dans le monde, souvent en rapport avec notre aspect extérieur et fréquemment très-contraire aux vérités révélées par la phrénologie.

Vol, Acquisivité, **8**. Gall avait cru à l'existence d'un organe pour le vol, parce qu'il avait remarqué chez un grand nombre de voleurs célèbres une protubérance très-marquée qui est le point de jonction de l'*alimentivité*, de la *prévoyance*, de l'*imagination* et de l'*harmonie* d'où naît le *mécanisme*. C'est une des combinaisons qui peut produire cet effet-là. De la *prévoyance* découle l'instinct de faire des *provisions*.

Cruauté, Destructivité, Meurtre, **6**. La cruauté prend sa source dans l'instinct qui porte à satisfaire la soif du sang, l'alimentivité, et la faiblesse ou la non-activité des organes des facultés de l'âme. Alors la pensée ne dirige plus les appétits brutaux ; la *jalousie* exerce ses vengeances ; le *courage*, qui n'a plus l'équité pour mobile, devient la cruauté ; la faim fait tout faire.

La gourmandise et l'ivrognerie, une triste compensation pour ceux qui n'ont plus les jouissances de l'âme, font souvent aussi de l'homme le plus cruel des animaux. (Il n'est point ici question des gourmets, gens qui savent jouir des sens du goût, de l'odorat, et de ce qu'il y a de naturel dans les sensations de la faim et de la soif, qui résident dans les nerfs du palais, de la langue et de l'estomac.)

BIOPHILIE, 37. L'amour de la vie n'existe pas seulement dans l'organe de l'instinct qui la conserve en faisant chercher et prendre la nourriture (l'*alimentivité*), dans le voisinage duquel les phrénologistes avaient voulu trouver le siége de la biophilie ; il n'est pas même toujours le résultat de la possession de toutes les jouissances qui font quelquefois les gens blasés. L'espérance des malheureux, l'horreur du néant grandie par l'imagination, l'incertitude d'arriver au ciel causée par la difficulté du chemin qui y mène, peuvent faire craindre la mort. La *sympathie* qui nous attache à la terre et à ceux qui l'habitent, suffit pour faire aimer la vie que la *prévoyance* nous conserve, et que les hommes et les animaux dépourvus de cet organe compromettent fréquemment.

IMITATION, MIMIQUE, 24. Les phrénologistes ont placé l'organe de ces facultés à la jonction de l'*imagination* avec la *conscience* et le *respect* dont l'*imitation* est souvent la conséquence. Une admiration réelle pour les hommes consciencieux et respectables peut nous porter à les imiter. Si Gall avait cherché cet organe chez les imitateurs des criminels, il l'aurait placé à l'extension de ceux qui nous portent au mal.

La ruse et la mémoire donnent des gestes à ceux qui veulent feindre des sentiments qu'ils n'ont pas.

On montre à l'appui de l'organe de la mimique le portrait de Mlle Rachel, cette femme supérieure chez qui tous les organes très-développés offrent entre eux une complète harmonie. C'est parce qu'elle sent vivement toutes les jouissances de l'esprit et du cœur, qu'elle sait si bien en impressionner les autres.

Le perroquet a la mémoire des sons et un organe qui lui permet de les répéter. Le singe imite l'homme par la même raison que beaucoup d'hommes sont singes ; il faut une intelligence supérieure pour ne pas subir une sorte d'entraînement à faire comme tout le monde.

APPROBATIVITÉ, 11 ; INDÉPENDANCE, DOMINATION, 15. La fierté avec la fermeté crée l'indépendance et la domination ; avec la conscience et le respect, elle fait désirer l'estime et l'approbation des autres.

PHILOGÉNITURE, 2. Gall avait appelé ce penchant l'amour des petits, et il en avait placé l'organe entre ceux de l'amour et de la sympathie dont il est le résultat naturel.

Il arrive quelquefois à un individu, chez lequel l'organe de la sympathie est beaucoup plus développé que celui de l'amour, de préférer à la société de certaines femmes l'innocent babillage des petits enfants (même de ceux qui ne sont pas les siens). On dit cet homme sentimental, et son amour platonique dure en général longtemps, parce que l'objet de son culte, divinisé par son imagination, ne se faisant point femme, le culte dure autant que la divinité.

HABITATIVITÉ, NOSTALGIE, 3. Les phrénologistes ont cru jusqu'à présent que le penchant qui nous porte à habiter certains lieux, qui a souvent causé le mal du pays, a dans le cerveau un organe spécial. Leurs remarques l'ont placé à la jonction de la *sympathie* avec la *prévoyance* et la *fierté*, dont il est probablement la conséquence. Quand la *sympathie* nous attache aux lieux et aux personnes au milieu desquels nous avons longtemps vécu, la *prévoyance* nous dit que nous ne trouverons pas loin de là des amis d'enfance, des lieux témoins d'un bonheur passé, et la fierté nous engage à ne pas quitter le pays où nous avons de la considération, des amis, quelquefois des propriétés.

Différents organes peuvent avoir de l'influence sur le choix d'une habitation. La *fierté* très-prononcée peut faire préférer les positions élevées; l'homme prévoyant bâtit sa maison à l'abri des inondations et des vents; l'absence de sociabilité fait préférer l'isolement. Celui dont tous les organes se rapprochent le plus de l'équilibre parfait, reste entouré d'un petit nombre d'amis auxquels il donne et demande dévouement et indulgence : il vit au milieu d'eux, heureux de la conviction qu'après sa mort sa mémoire honorée vivra dans leur souvenir.

Dieu et la religion, 14. Les phrénologistes ont dit jusqu'à présent que l'idée de Dieu et de la religion est due à un organe spécial, celui que j'ai appelé le *respect*.

Je crois l'idée de Dieu et de la religion le résultat de la réunion de tous les organes destinés aux facultés de l'âme. Cette grande idée est variée comme la proportion entre ces sept organes dans la tête de tous les hommes.

La *pénétration*, en nous permettant d'étudier les faits dont bien souvent rien ne nous explique les causes, en nous faisant comparer notre planète à l'infiniment grand, nous donne l'idée d'un Créateur infini.

La *conscience* est la voix de Dieu qui parle à notre cœur.

Le *respect*, qui semble un reflet de l'influence de cet Être infini, nous défend de le définir en lui prêtant nos qualités bonnes ou mauvaises.

L'*imagination* nous permet quelquefois de quitter la terre pour nous rapprocher de lui.

La *mémoire*, le principal auxiliaire de la pensée, nous fait réunir toutes nos impressions pour nous en faire conclure Dieu.

Et l'*harmonie*, en nous plongeant dans une sorte d'extase qui nous donne l'idée de la perfection, du bonheur, si rares et jamais parfaits sur la terre, est la promesse d'un Être qui ne peut nous tromper.

En appliquant ce nouveau système, on remarquera qu'on ne doit jamais mesurer les qualités et les défauts des hommes au centimètre, mais se bien pénétrer d'abord de la teinte générale produite dans le crâne qu'on étudie par la proportion de toutes les couleurs premières et de toutes les nuances qui s'y trouvent réunies.

On se convaincra de la vérité de la phrénologie en s'étudiant soi-même; puis, en reportant sur les autres les mêmes expériences, on reconnaîtra l'immense avantage que l'on peut retirer de la connaissance raisonnée de soi et des autres.

VII

CONCLUSION.

UTILITÉ DE LA PHRÉNOLOGIE.

> Il y a une science des quantités qui force
> l'assentiment, exclut l'arbitraire, repousse
> toute utopie; une science des phénomènes
> physiques qui ne repose que sur l'observa-
> tion des faits; il doit exister aussi une
> science de la société absolue, rigoureuse,
> basée sur la nature de l'homme et de ses
> facultés et sur leurs rapports; science qu'il
> ne faut pas *inventer* mais *découvrir*.
>
> P.-J. PROUDHON *(Dimanche)*.

Les animaux se mangent; on croit que les sphères célestes se heurtent, se brisent; le temps crée et détruit tout; les anciens ont cru à un bon et à un mauvais génie; les chrétiens prient un Dieu, craignent des démons; nous croyons voir du bien et du mal partout. Cependant l'homme n'a reçu de Dieu que des qualités utiles, mais il en a fait souvent un mauvais usage. Il devrait être plutôt bon que mauvais, et il a, je crois, plus de mauvais que de bon.

Pourquoi sommes-nous dans la pire des conditions? Comment pourrions-nous arriver à la meilleure?

L'observation et la phrénologie répondent à ces deux questions.

Au milieu d'une société où la ruse, le mensonge, l'hypocrisie, font réussir bien plus vite et bien plus facilement que la franchise et la loyauté, le plateau de la balance de notre libre arbitre penche presque toujours du côté qui nous paraît le plus favorable à nos intérêts, le mauvais.

La société pourrait faire pencher vers le bien l'homme qui passe sa vie à peser le pour et le contre, si elle n'était tant occupée de la lutte de ses plus terribles ennemis : ceux qui peuvent tout perdre dans un précipice en courant trop vite et sans guides sur la route du progrès, et ceux qui, dans la crainte des chances d'un voyage, se bornent à répéter ce vieux proverbe d'une triste expérience : LE MIEUX EST L'ENNEMI DU BIEN.

On s'occupe maintenant de l'amélioration de la race chevaline ; que fait-on pour l'amélioration morale de la race humaine ?

L'enfance est livrée à des parents dont rien n'éclaire l'inexpérience.

La jeunesse des classes privilégiées est entourée de professeurs qui n'ont d'autre mission que d'exercer sa mémoire en la remplissant de mots et de tout ce qui n'est pas la science de la vie.

Heureux l'enfant qui apprend facilement par cœur, il est fort en thèmes et couvert des lauriers de l'Université ; il a la clef de toutes les carrières, ouvertes après un brillant examen, fermées au malheureux qui ne peut répéter mot à mot ce qu'il ne sait que bien comprendre ; qui eût exercé son jugement avec beaucoup plus de fruit que sa mémoire, et qu'on abrutit sur les derniers bancs de sa classe, mais qui plus tard a quelquefois sa revanche comme homme sérieux et profond.

Une bonne éducation peut rendre utiles à la société et au bonheur de l'individu, toutes les aptitudes, tous les penchants des hommes, que la PHRÉNOLOGIE sait reconnaître avant même que le sujet étudié ait pu s'en rendre compte à lui-même.

Un instituteur phrénologiste saura développer par l'exercice une bonne faculté qui, de dominée par une autre, source de désordres, deviendra dominante et dirigera utilement la seconde.

Je prends pour la corriger la plus mauvaise des combinaisons : la *cruauté*, dominant tous les organes du cerveau d'un homme, peut en faire un menteur pernicieux, un voleur, un assassin, un monstre. Dominé par la *conscience*, ce penchant accompagné de la *prévoyance* donne une méfiance, une adresse dont la présence aurait épargné bien des chagrins à tant de malheureuses dupes d'une franchise et d'une confiance aveugles.

Dans le premier cas, une femme coquette met en jeu toutes les séductions pour faire une conquête qu'elle se plaît à tyranniser ensuite ; dans le second cas, elle aime à plaire, à faire des heureux, et sait éviter les piéges que lui tendent les fats qui papillonnent autour d'elle.

Une mère, avec la phrénologie, ne laissera point dégénérer l'AMOUR-PROPRE, l'ÉMULATION, en *vanité*, en *jalousie*, la CIRCONSPECTION en *ruse*, en *mensonge*, l'OBSERVATION en *curiosité*, la PERSÉVÉRANCE en *entêtement*, le RESPECT et l'IMAGINATION en *superstition*, l'ESPRIT en *causticité*, la PRÉVOYANCE et l'AMBITION en *convoitise*, la SYMPATHIE en *faiblesse*, l'AMOUR en *prostitution* ; elle saura calmer l'imagination trop active de certains enfants, au lieu de la remplir, comme le font tant de mères ignorantes, de *fanatisme* et de *contes effrayants*.

Un père phrénologiste saura diriger son fils dans le choix

d'une profession et d'une femme en rapport avec ses aptitudes et son caractère. Il en résultera, non-seulement du bonheur pour la famille, mais encore un bénéfice pour la société; car c'est avec joie, et presque toujours avec perfection, que l'on travaille dans la profession choisie avec vocation : et combien peu écoutent aujourd'hui cette voix de la nature !

Une femme d'un caractère doux et faible acceptera avec bonheur un maître sympathique ; la femme forte, au contraire, lutterait contre la fermeté d'un mari, elle ne plierait que par hypocrisie ou par nécessité, et ce serait toujours pour elle un sacrifice pénible : un homme d'un caractère doux et flexible trouverait en elle la fermeté qui lui manque à lui pour diriger ses affaires, ce que sa femme ferait adroitement sans blesser son amour-propre de mari.

Les enfants qui naîtront d'un couple bien assorti, indépendamment de l'heureuse influence de l'harmonie des caractères et de l'éducation de leurs parents sur leurs dispositions innées (*), trouveront dans les bons exemples le développement des heureuses aptitudes que l'enfer d'un mauvais ménage aurait détruites.

Enfin, la reproduction fréquente de certaines émotions, de certains goûts, de certains penchants, de certaines aptitudes par l'activité simultanée des organes primitifs qui les composent, produisant sur le cerveau la puissance de l'ha-

---

(*) On croit les petits d'une chienne bien dressée par un habile chasseur, plus faciles à dresser que les petits dont la mère n'a jamais chassé.

Si les fils sont assez souvent différents de leur père, cela peut venir, non-seulement du mélange du caractère de la mère avec celui du père, mais encore de la manière dont nous élevons nos enfants, presque toujours différente de celle avec laquelle nous avons été élevés.

bitude, il est de la plus haute importance de diriger dès l'enfance les heureuses combinaisons.

Il est donc évident que, si la phrénologie, qui est une science vraie, était généralement connue, elle pourrait avoir une immense influence sur l'amélioration de la société.

Déjà elle compte un grand nombre de partisans. Si tous ceux qui l'ont rejetée jusqu'à présent, en reconnaissant cependant quelques verités dans les découvertes du docteur Gall, sont conséquents avec eux-mêmes, ils admettront la nouvelle organographie du crâne humain basée sur les quelques vérités incontestables de l'ancienne phrénologie.

Si la simplicité du nouveau système et le laconisme de la brochure qui le met à la portée de tout le monde, gagnaient à la phrénologie la foule de ceux qu'effraie la grosseur des volumes sérieux et qui trouvent plus simple de juger sans étude, cette science serait bientôt populaire en France.

FIN.

TABLE DES MATIÈRES.

FIN DE LA TABLE DES MATIÈRES.